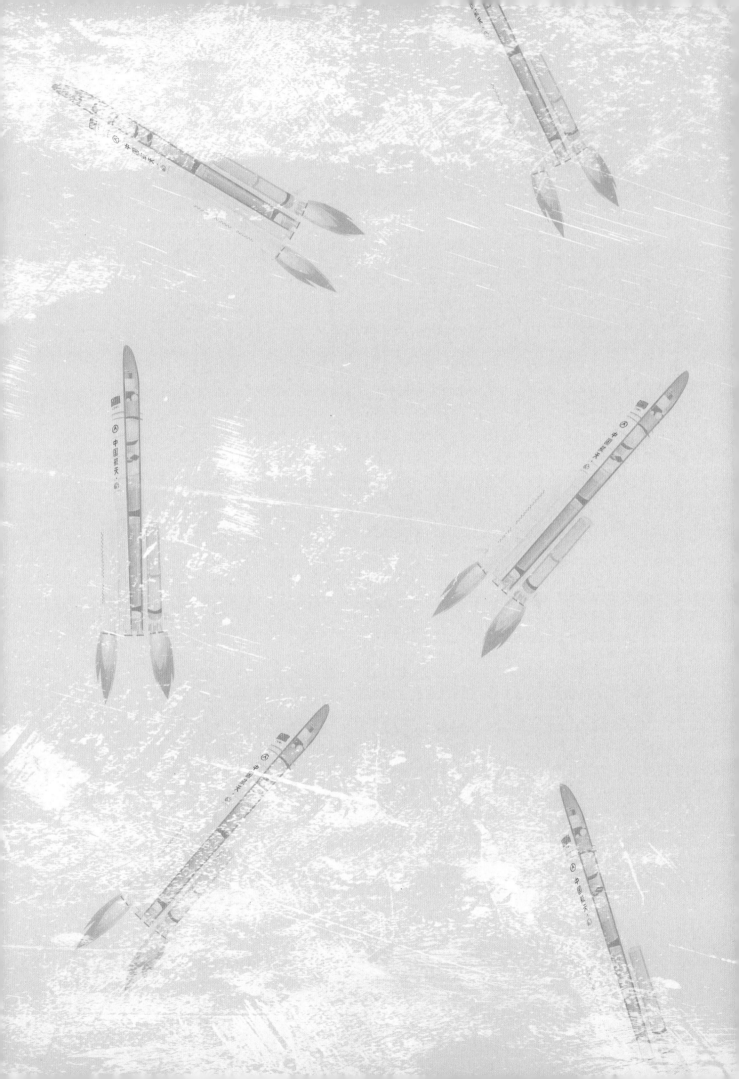

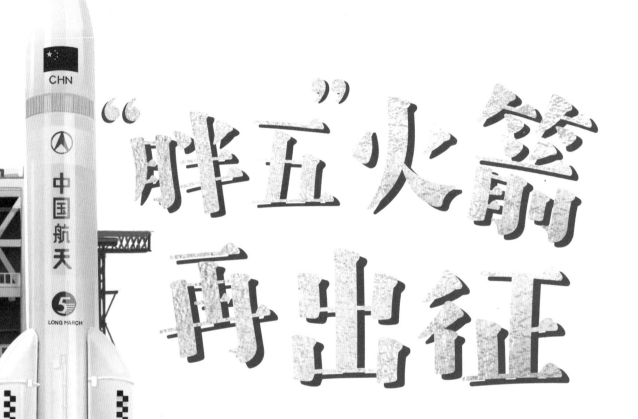

★ 了不起的中国科技 ★

"胖五"火箭再出征

王琼 付中梁 著

沈依宁 邓跃 绘

童趣出版有限公司编　人民邮电出版社出版

北　京

图书在版编目（CIP）数据

"胖五"火箭再出征 / 王琼，付中梁著；沈依宁，
邓跃绘 ；童趣出版有限公司编. -- 北京 ：人民邮电出
版社，2022.9
　　（了不起的中国科技）
　　ISBN 978-7-115-59727-4

　　Ⅰ. ①胖… Ⅱ. ①王… ②付… ③沈… ④邓… ⑤童
… Ⅲ. ①运载火箭－中国－少儿读物 Ⅳ. ①V475.1-49

中国版本图书馆CIP数据核字(2022)第134531号

责任编辑：史苗苗
责任印制：李晓敏
美术设计：刘　丹

编　　　：童趣出版有限公司
出　　版：人民邮电出版社
地　　址：北京市丰台区成寿寺路 11 号邮电出版大厦（100164）
网　　址：www.childrenfun.com.cn

读者热线：010-81054177
经销电话：010-81054120

印　　刷：雅迪云印（天津）科技有限公司
开　　本：889×1194　1/16
印　　张：3.25
字　　数：65 千字
版　　次：2022 年 9 月第 1 版　2023 年 9 月第 3 次印刷
书　　号：ISBN 978-7-115-59727-4
定　　价：58.00 元

序　言

　　一个偶然的机会，老朋友王琼打电话问我有没有兴趣为一本以"胖五"复飞为创作主题的科普童书把把关。作为一名伴随"胖五"十余年，见证其不断走向成熟的"胖五人"，答案显而易见，当然是愿意了！

　　"胖五"是一个有故事的火箭！它的正式名称为长征五号运载火箭，在孕育过程中，它就被寄予了巨大的期望。那时，它本身就是中国新一代运载火箭的同义词，承载着追赶国外先进火箭技术的历史重任，担负着我国空间站建设、火星探测、月球探测以及实施更宏大的深空科研探测任务的重要使命。历经 20 年策划和 10 年研制过程，"胖五"于 2016 年正式亮相。随即，它以显著区别于国内其他运载火箭的"大块头"、令人耳目一新的标志设计等元素，被广大的航天爱好者冠以"胖五"的昵称。

　　2016 年 11 月 3 日，"胖五"首飞成功，整个过程惊心动魄。2017 年 7 月 2 日，遥二失利，那夜我们梦碎长空。之后的 908 天里，我们一路含泪奔跑。2019 年 12 月 27 日，焕然一新的"胖五"再度出征，不辱使命，以分秒不差的准时发射、高可靠的飞行过程以及超高精度的十环入轨等近乎完美的表现，实现了浴火重生。之后，"胖五"又相继以优异的表现圆满完成了"天问一号"探测器、"嫦娥五号"探测器以及"天和"核心舱的发射等诸多重大航天工程任务，实现了王者归来！

　　怀着这份极其特殊的情感，几乎是一口气就拜读完了《"胖五"火箭再出征》这部作品，也仿佛再次回到了那段岁月，置身于其间。作品选择了我国当代航天先进技术最新成就集大成者——"胖五"火箭为主角，以"胖五"历经磨难、自强自新后的再度出征为背景，在详细讲述"胖五"构成及特点的同时，也从时、空两个维度再现了"胖五"火箭卧薪尝胆后再飞冲天、完美归来的完整过程，是一部介绍"胖五"、运载火箭和相关航天知识的优秀作品。

　　航天事业是一份以探求宇宙奥秘、为人类未来谋发展为己任的崇高、伟大的事业，需要通过各种渠道来凝聚更多优秀人才，激发出更大的智慧和力量！而好的科普作品往往是培养科学兴趣的重要举措之一，也是辅助读者树立人生目标至关重要的一步。无疑，《"胖五"火箭再出征》就是这样的一部科普作品！

　　　　　　　　　　　　　　　　　　——长征五号运载火箭副总设计师　黄兵

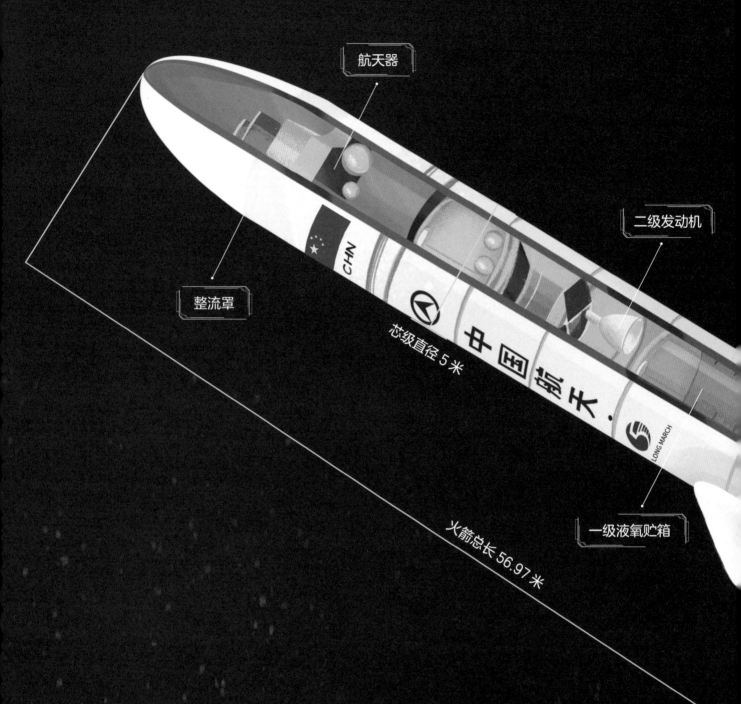

航天器

二级发动机

整流罩

芯级直径 5 米

CHN

火箭总长 56.97 米

一级液氧贮箱

LONG MARCH

　　长征五号是我国目前最大的运载火箭。它由于"腰围"大、身材粗胖，被大家亲切地叫作"胖五"。"胖五"不但体格大，力气也很大呢。它的起飞质量约 869 吨，能够把 25 吨重的物体送入近地轨道，把 14 吨重的物体送入更高的地球同步转移轨道，在世界上现役火箭中位列前三。

助推器液氧贮箱

助推器煤油贮箱

CZ-5

助推器直径 3.35 米

一级液氢贮箱

天津

文昌

远望22 YUAN WANG

　　远望 21 号和远望 22 号是专门为运输新一代运载火箭而设计、制造的火箭运输船。它们俩是姊妹船，船长 130 米，型宽 19 米，高 37 米，满载排水量达到 9000 吨。这两艘船上配有装卸大型火箭部件用的重型吊车。像"胖五"这样芯级直径达到 5 米的大家伙是无法用铁路来运输的，因此火箭运输船应运而生。

　　在天津完成总装和测试之后，此时的"胖五"（长征五号遥三运载火箭）就正式出厂了。工人师傅们将它分段装入专用包装箱，然后运往天津港。远望 21 号、22 号两艘火箭运输船已经等候在那里了。包装箱全部吊装上船后，火箭运输船队从天津港启航，开往海南文昌。

垂直总装测试厂房

在厂房里，技术人员将"胖五"的各个部段从包装箱中取出，对重要单元和模块进行测试，确认它们在经过长途运输后仍然能正常工作。接下来，就是对"胖五"的垂直总装了。助推器、芯一级、级间段、芯二级被依次吊装到活动发射平台上，它们就像积木一样被组装了起来，最后组装的是实践二十号卫星和整流罩。

在对"胖五"进行全面"体检"并且确认它是"健康的"之后，承载着星箭组合体的活动发射平台驶出厂房，沿着近3000米长的轨道，平稳行驶约2小时后，来到了发射区。

在文昌发射场，火箭需要在活动发射平台上完成垂直状态下的总装、测试，再随着平台一起通过轨道垂直转运到发射工位，最后完成发射。在这个过程中，火箭与地面发射支持设备的连接状态不变。因此，到达发射工位后可以直接加注推进剂，准备发射。这样不仅缩短了火箭占用发射工位的时间，还提高了发射效率。

活动发射平台

与"胖五"一同矗立在活动发射平台上的是脐带塔，它不仅起到支撑"胖五"的作用，而且从开始组装起，直至发射前几分钟，其上的各种管路一直与"胖五"保持着连接——输送燃料、传递信号，让"胖五"一直保持在最佳的状态。

就像母体内的胎儿依靠脐带来汲取营养那样，火箭则需要集成在脐带塔上的加注、供气、空调管道以及电缆等装置为它提供燃料，调节温度。

中国航天

CHN

中国

脐带塔

脐带塔自火箭组
装时起就与它形影不
离，保证火箭在转场
时各种管缆的连接。

婴儿出生后要剪断脐带，火箭起飞前也要按程序依次断开各种管缆的连接装
置，仅保留一根与活动发射平台连接的电缆。如果火箭状态不正常，控制人员可
以利用这根电缆紧急停止发射。

在发射区，还要对"胖五"、卫星以及参加发射任务的其他系统进行测试和演练。在发射前一天，工作人员会对"胖五"加注煤油，发射当天再对"胖五"加注液氧和液氢。加注燃料时，低温状态的液氧和液氢遇到环境气温形成气雾，环绕在箭体周围。"胖五"的胃口可真好，要"喝"下约780吨的推进剂。

火箭发动机采用燃料和氧化剂来支持燃烧反应，它们分别保存在不同的推进剂贮箱中，经过管路输送，在发动机燃烧室相遇后，就可以进行燃烧，产生推动火箭前进的高温燃气。火箭在太空飞行时的环境中缺少氧，因此它必须自带氧化剂来支持燃烧反应。

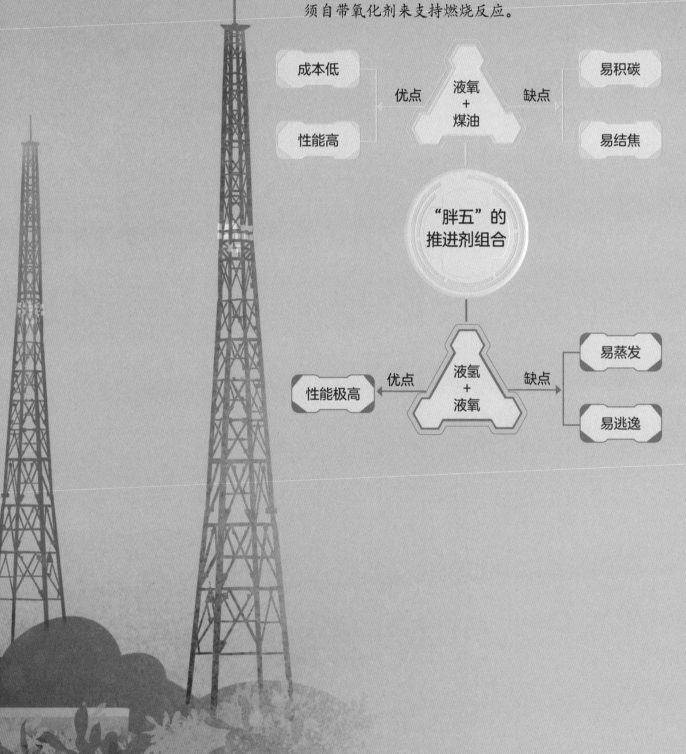

成本低

性能高

优点　液氧+煤油　缺点

易积碳

易结焦

"胖五"的推进剂组合

性能极高　优点　液氢+液氧　缺点

易蒸发

易逃逸

为什么 要选择在这里建发射场呢?

1 这里靠近赤道,地球自转的线速度高,在发射时火箭具有较大的初始速度,达到入轨速度所需的燃料较少。

2 这里临近海港,能够通过海运将火箭运送到发射场。火箭的设计尺寸不再受铁路运输时隧道大小的限制。

　　傍晚时分，观众们陆续来到与发射场一湾之隔的海边，怀着期待的心情静静地观望着海湾对面的发射场。

20 时 15 分，"胖五"矗立在 1 号发射工位。推进剂已经加注完毕，工作人员全部撤离，"胖五"进入发射前 30 分钟程序！现在，"胖五"的测量系统正在对箭体内部仪器设备的压力、气体与液体的流量、液位等进行检测，将上千条数据以最快的速度报告给指挥控制中心。

工作人员全神贯注地盯着屏幕上的各种信息，他们要对火箭是否具备发射条件做出判断与决策……

"10、9、8、7、6、5、4、3、2、1，点火！

　　20 时 45 分，01 指挥员下达点火指令，随着控制系统指挥人员按下控制台上红色的点火按钮，"胖五"尾部喷出一团巨大的火焰。约 9 秒后，助推器上的 8 台 YF-100 液氧煤油发动机与芯一级上的 2 台 YF-77 氢氧发动机的总推力开始大于"胖五"所受重力时，"胖五"腾空而起！

　　随即，工作人员报出："起飞时，20 时 45 分 10 秒 526 毫秒。"

　　与此同时，地面腾起大片白雾，犹如仙境一般。

　　从"胖五"点火到升空的这 9 秒内,观众们屏气凝神,直到看见"胖五"腾空而起,他们才欢呼雀跃起来。

　　当起飞离开发射台后,"胖五"开始沿箭体纵轴滚转,以对准既定的发射方向。

火箭垂直发射的优势有哪些？

1 可以缩短穿过大气层的时间，减少速度上的损失，帮助火箭迅速穿过大气层。

2 当火箭发动机的推力略微超过火箭所受重力时，火箭就会飞离发射台。利用火箭的能量对迅速加速十分有利。

3 地面发射设备简单可靠，容易进行发射前的加注、瞄准等工作。

发射后约 17 秒，"胖五"已处于超过 400 米的高空，它不再垂直向上飞行，而是开始拐弯。这个拐弯的动作称为程序转弯，目的是让"胖五"从垂直向上的飞行状态逐渐转向目标轨道。

刚开始程序转弯时，火箭会通过调整发动机喷口的角度，使箭体倾斜。在发动机推力和重力的影响下，箭体的倾斜角度慢慢增大，逐渐接近平行于地面飞行。当火箭进入目标轨道，它的飞行速度已经足够快了，绕地球圆周运动所产生的离心力足以克服地球重力，所以火箭不会从天上掉下来。

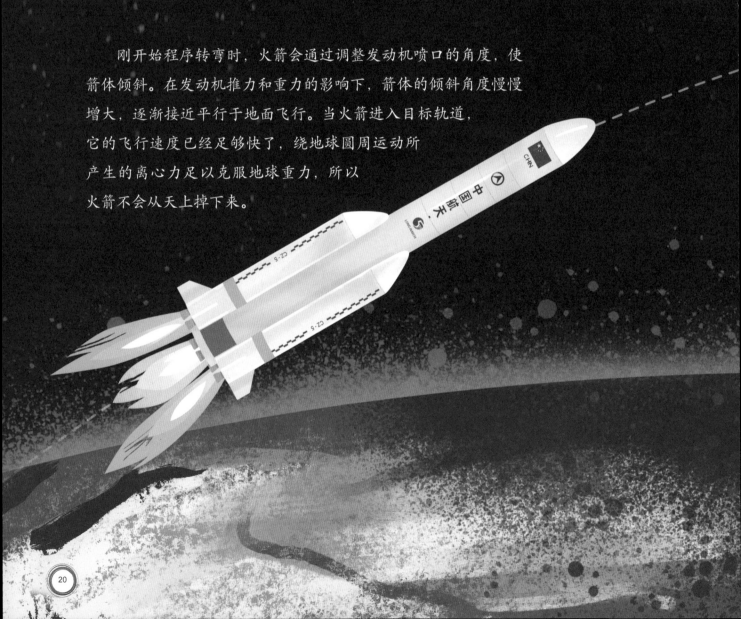

$V \approx 11.2$千米/秒

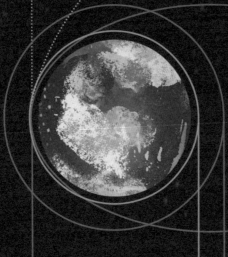

第二宇宙速度

物体脱离地球引力，变为环绕太阳运动所需要的最小速度。

11.2千米/秒 $> V > 7.9$千米/秒

$V < 7.9$千米/秒

$V \approx 7.9$千米/秒

第三宇宙速度

地球上的物体飞出太阳系所需要的最小速度，约为16.7千米/秒。

第一宇宙速度

物体绕地球表面飞行作圆周运动的速度，达到了这个速度，物体就不会再掉回地面了。

发射后约 174 秒，"胖五"的飞行高度已经超过 70 千米，4 个助推器完成任务，与"胖五"芯级脱离。

抛掉后的火箭残骸去哪了？

为了让这些火箭残骸安全地落到地球上，技术人员会在人口稀少的地方设立火箭残骸落区。相比在内陆发射，"胖五"的残骸落区位于广袤的大海中，能够显著降低砸中地面物体的概率。

在飞行过程中，芯一、二级火箭及4个助推器就像6个满载的巨型燃料箱，为火箭提供强大的动力。但当每一个部段的燃料耗尽时，它们就变成火箭继续加速的负担，为了让火箭轻装前行，获得良好的加速性能，就必须把它们抛掉。

CHN

中国航天

LONG MARCH

大约在发射后的第 295 秒，"胖五"
已经飞出大气层，顶部保护卫星的整流罩
完成了自己的使命，与火箭分离。

　　"胖五"整流罩的外形呈水滴状，可以帮
它减少飞行过程中的空气阻力和脉动压力，从
而减轻对实践二十号卫星的颠簸。此外，相比
传统的火箭整流罩，"胖五"整流罩的容积更
大，能够为实践二十号卫星提供更充足的空间。

"胖五"搭载的实践二十号卫星

　　火箭升空前，整流罩所构成的密闭环境可以保证里面的卫星、载人飞船或探测器等有效载荷对温度、湿度、洁净度的要求。当火箭穿过大气层时，整流罩是保护有效载荷顺利进入太空的"铠甲"，防止它们受到高温、噪声等有害环境的影响。

大约在发射后的第490秒，
"胖五"一级火箭关机，
一二级火箭分离，火箭二
级发动机启动。

火箭升空后，只能通过无线电测控信号
与地面联系。因为单个测控站覆盖范围有限，
因此需要多个测控站、多艘测量船共同参与，
接力完成对火箭的跟踪测量、安全控制、遥
测和图像数据接收。

一二级分离
二级一次点火

整流罩分离

助推器分离

二级二次点火　　　　　　星箭分离

滑翔段

　　在这次任务中，远望3、5、7号测量船远赴大洋深处执行测控任务，它们持续跟踪"胖五"30多分钟，为"胖五"一二级分离、二级一次点火、二级二次点火、星箭分离等关键动作提供了测控支持。天链卫星也参加了此次任务，利用自己的通信转发功能，完成了对"胖五"的天基测控和信息传输。

"长江5号，发现目标！"
"长江5号跟踪正常，遥测信号正常！"

　　大厅里传来了洪亮的报告声。长江5号就是远望5号测量船的代号。

大约在发射后的第 772 秒，"胖五"的二级发动机关闭，"胖五"进入了滑行阶段。滑行过程中，"胖五"进行推进剂沉底。

滑行

点火加速

进入轨道

在发射中高轨道卫星时，通常采用滑行入轨的方式。末级火箭发动机先后两次点火，在两次点火中间加上一个无推力的滑行段。发动机第一次关机后，火箭进入约200千米高的停泊轨道，依靠惯性滑行，高度基本不变，在滑行一段时间后，火箭再次进行点火加速，进入预定轨道。这样就可以节省很多能量，从而提升火箭运载能力。

此外，月球和深空探测任务对探测器发射轨道的约束非常严格——必须在合适的位置入轨，往往要求火箭末级进行长时间的滑行。这对火箭的氢氧推进剂管理、热平衡等提出了更高的要求。

推进剂沉底

在太空轨道中，火箭贮箱中的液氢和液氧等推进剂是以悬浮状态存在的。为了让液氢和液氧贴合在火箭箱体底部，可靠地实现氢氧发动机的二次启动，需要使用多台小推力的沉底发动机进行点火工作，提供较小的加速度，起到推进剂沉底的作用。

大约在发射后的第 2154 秒，"胖五"进入预定轨道，一级发动机停止工作，"胖五"开始进行末速修正、调姿。

预定轨道

加速轨道

星箭分离

末速修正与调姿

　　通常来说，卫星会对火箭提出发射入轨的速度、姿态等方面的要求。由于主发动机推力很大，难以精确地达到卫星所需速度，需要采用姿控发动机进行小量级的速度修正。之后，再采用姿控发动机将卫星和末级火箭的姿态调整为卫星所希望的姿态。这个时候，就可以进行星箭分离了。

大约在发射后的第 2240 秒，星箭分离，"胖五"将实践二十号卫星送到超地球同步转移轨道，"胖五"的发射任务取得圆满成功。

指挥控制中心内响起热烈的掌声，工作人员彼此握手、拥抱，有的还悄悄地低下头轻拭泪水……观看"胖五"发射的许多观众也激动地跳了起来，发出一阵阵欢呼声。

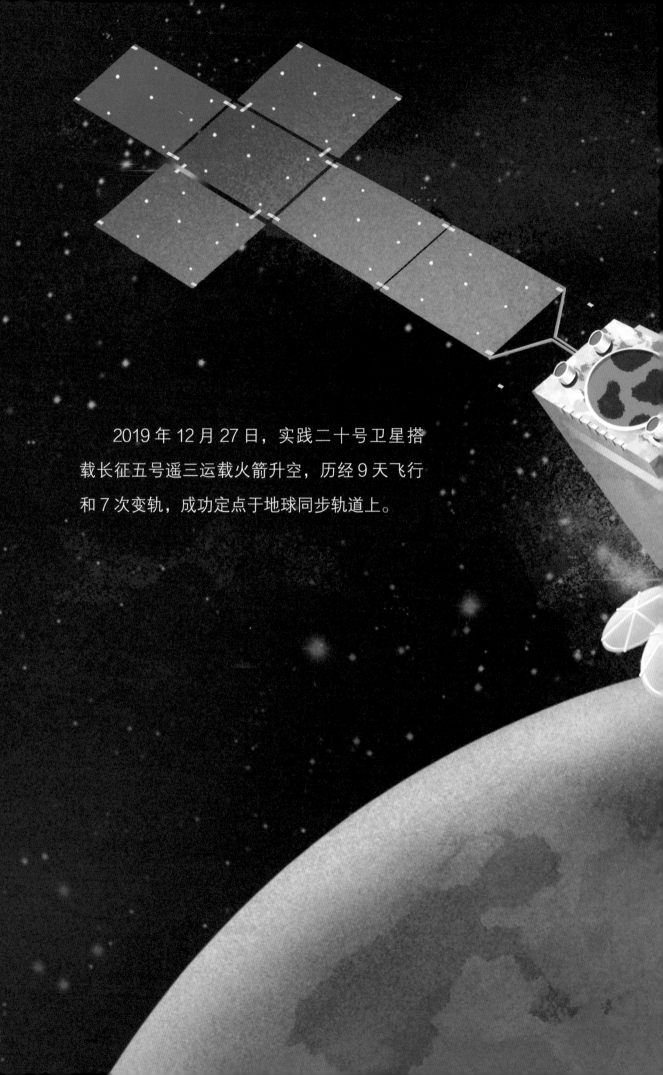

2019 年 12 月 27 日，实践二十号卫星搭载长征五号遥三运载火箭升空，历经 9 天飞行和 7 次变轨，成功定点于地球同步轨道上。

航天点亮梦想

长征一号　　　长征二号　　　长征二号丙　　　长征二号丁

中国长征家族系列运载火箭
（部分成员示意图）

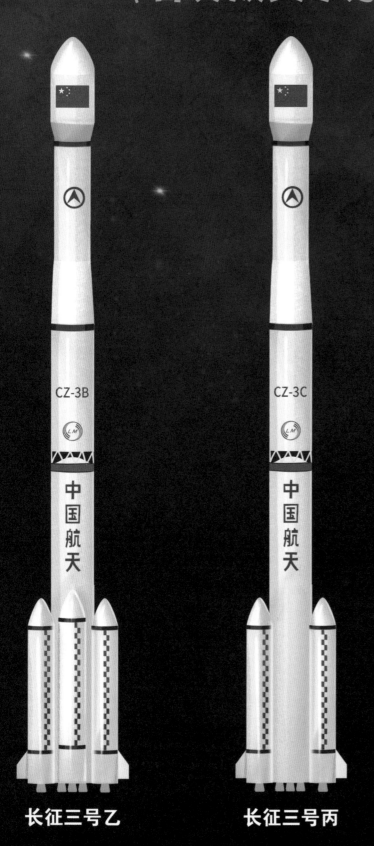

长征三号乙　　　　　　长征三号丙　　　　　　长征四号甲

长征四号乙

长征四号丙

长征五号

长征五号B　　　　　长征六号　　　　　长征六号甲

长征七号 长征七号甲 长征八号 长征十一号

逐梦浩瀚宇宙

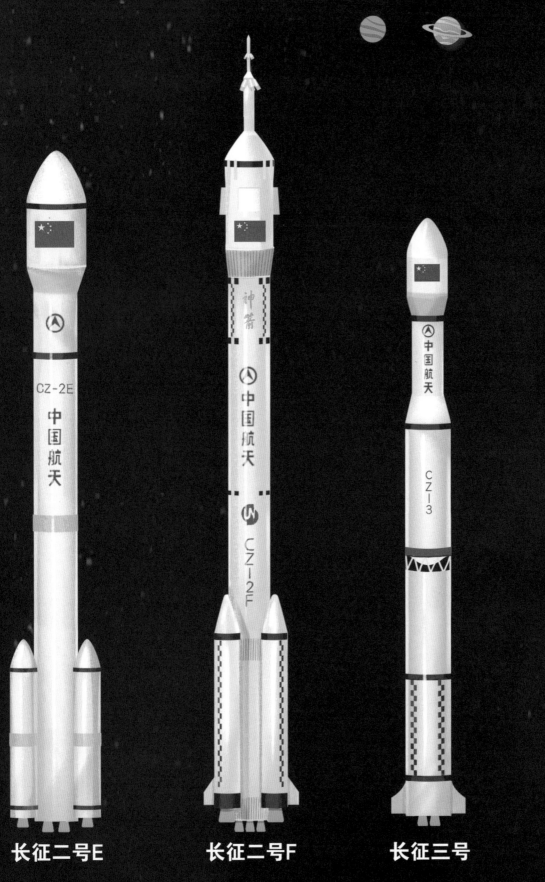

长征二号E　　　　长征二号F　　　　长征三号　　　　长征三号甲

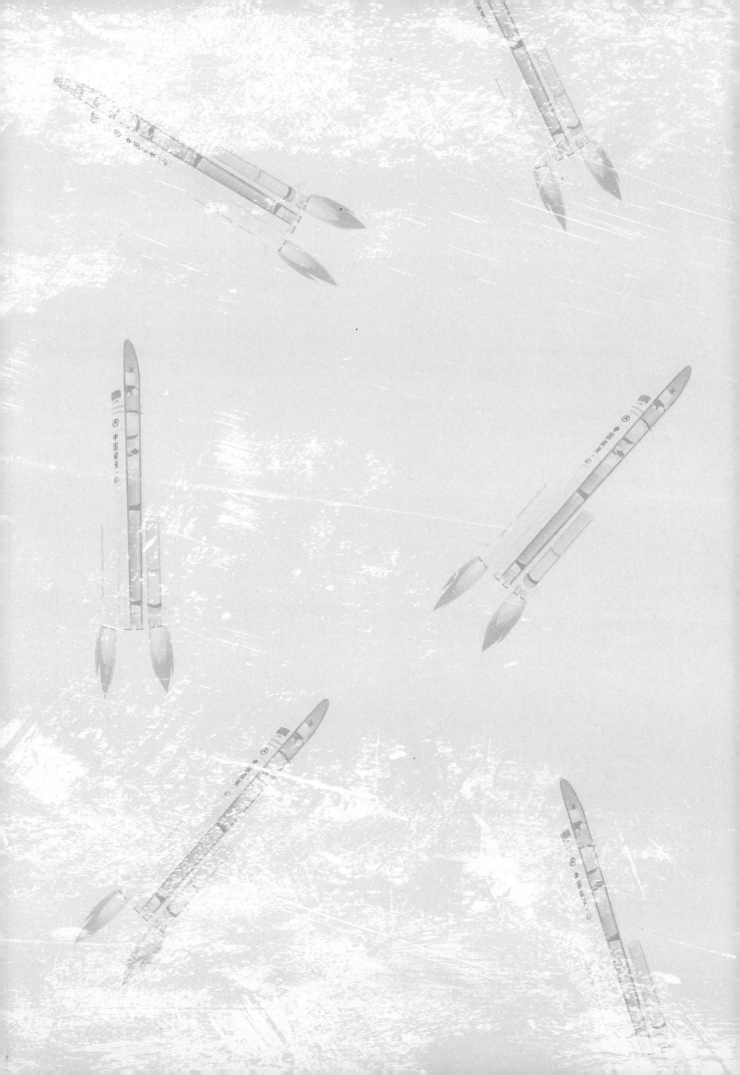